Rocas sedimentarias

Grace Hansen

Abdo ¡SÚPER GEOLOGÍA! Kids

Abdo Kids Jumbo es una subdivisión de Abdo Kids
abdobooks.com

abdobooks.com

Published by Abdo Kids, a division of ABDO, P.O. Box 398166, Minneapolis, Minnesota 55439.

Printed in the United States of America, North Mankato, Minnesota.

102019

012020

THIS BOOK CONTAINS RECYCLED MATERIALS

Spanish Translator: Maria Puchol

Photo Credits: Alamy, iStock, Shutterstock,
©UNED Universidad Nacional de Educación a Distancia p.21/CC BY 2.0

Production Contributors: Teddy Borth, Jennie Forsberg, Grace Hansen
Design Contributors: Dorothy Toth, Pakou Moua

Library of Congress Control Number: 2019944056

Publisher's Cataloging-in-Publication Data

Names: Hansen, Grace, author.

Title: Rocas sedimentarias/ by Grace Hansen

Other title: Sedimentary Rocks. Spanish

Description: Minneapolis, Minnesota : Abdo Kids, 2020. | Series: ¡Súper geología!

Identifiers: ISBN 9781098201005 (lib.bdg.) | ISBN 9781098201982 (ebook)

Subjects: LCSH: Sedimentary rocks--Juvenile literature. | Rocks--Identification--Juvenile literature. | Geology--Juvenile literature. | Spanish language materials--Juvenile literature.

Classification: DDC 552.5--dc23

Contenido

Rocas sedimentarias

Las rocas sedimentarias cubren más del 75% de la superficie terrestre. Estas rocas pueden estar compuestas de **minerales** o de restos de organismos vivos.

Hay **sedimentos** de todas las formas y tamaños. Los granos de arcilla, lodo y tierra son minúsculos. Hay rocas enormes. Las plantas y animales son frágiles. Pero todos ellos juntos pueden comprimirse y formar rocas sedimentarias.

Las lluvias torrenciales arrastran sedimentos. La corriente se lleva los fragmentos de roca río abajo. Se asientan en el fondo de los arroyos, ríos y lagos.

Con el paso del tiempo, se acumulan más fragmentos de rocas. Se forman nuevas capas o estratos. Las capas superiores oprimen a las inferiores.

Después de miles de años, las altas temperaturas y la **presión** convierten lentamente las capas en roca sedimentaria.

Los sedimentos también pueden estar compuestos de organismos vivos. Cuando las criaturas marinas mueren, su concha cae al fondo. Con el tiempo, las capas de conchas se convierten en roca sedimentaria.

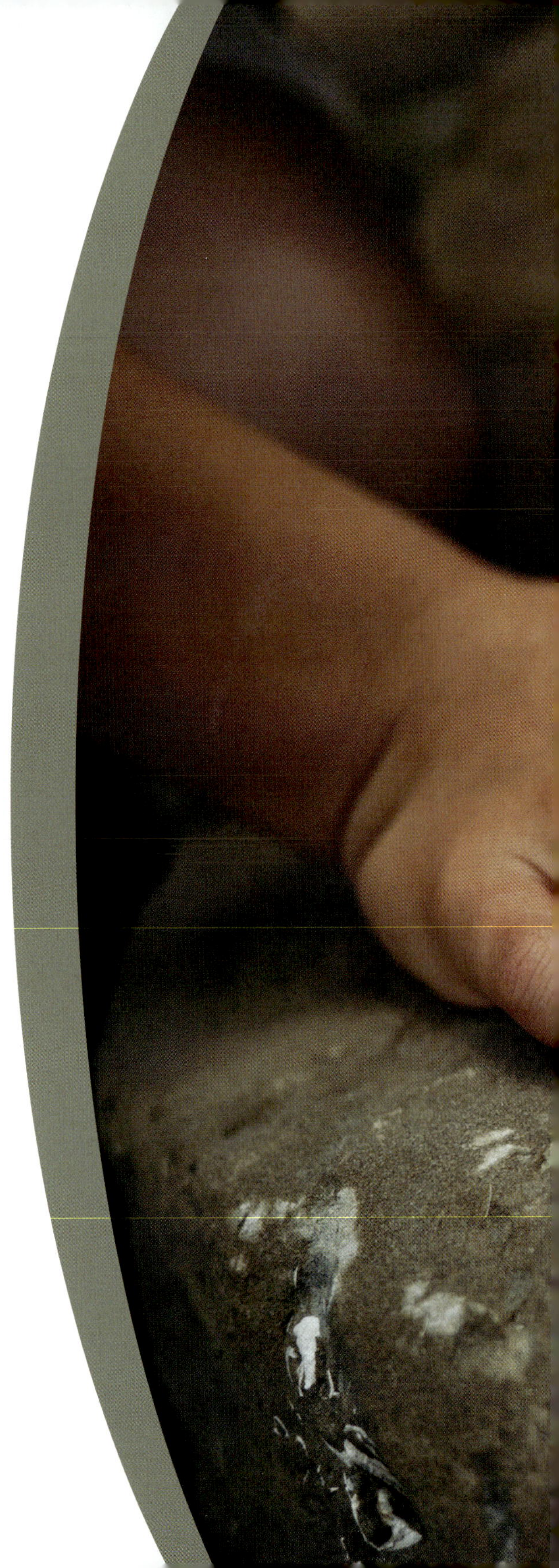

Capas de plantas muertas se acumulan en el fondo de pantanos. Forman un tipo de roca sedimentaria llamada carbón. Los humanos usan el carbón para muchas cosas, por ejemplo, para hacer electricidad.

Secretos sedimentarios

Los geólogos son los científicos que estudian las rocas en todas sus formas. Estudian los estratos de roca sedimentaria. Estas capas les enseñan muchas cosas sobre la historia de la Tierra.

¡Lo más interesante que se encuentra en roca sedimentaria son los **fósiles**! Los estratos envuelven el animal o planta muertos. Cuando una roca se forma alrededor de un cuerpo, lo **preserva**.

Algunos tipos de rocas sedimentarias

brecha

carbón

conglomerado

dolomita

sílex

mineral ferruginoso

caliza

arenisca

shale

Glosario

fósil – huella o restos de un organismo vegetal o animal de tiempos ancestrales.

mineral – substancia formada en la Tierra pero no de un animal o una planta; por ejemplo, el oro, la plata o el hierro.

preservar – cuidar, proteger de daño o pérdida.

presión – fuerza mantenida, ejercida sobre un cuerpo.

Índice